VOYAGE
D'ANGLETERRE
A LA MARTINIQUE.

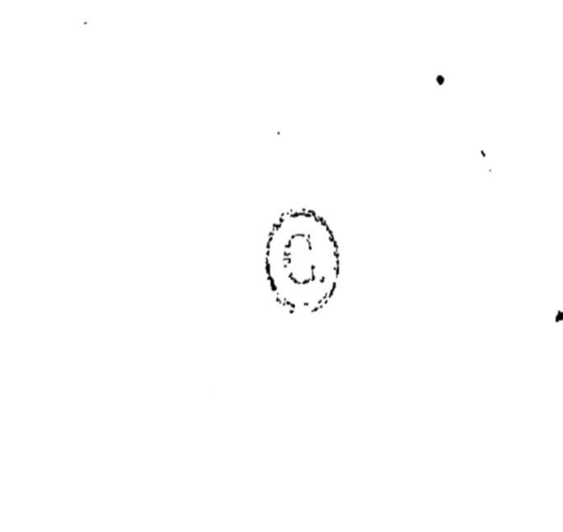

VOYAGE

D'ANGLETERRE

A LA MARTINIQUE.

PARIS,
DE L'IMPRIMERIE DE PILLET AINÉ,
ÉDITEUR DU VOYAGE AUTOUR DU MONDE,
de la Collection des Mœurs françaises, anglaises, italiennes, etc.,
RUE CHRISTINE, N° 5.

—

1825.

AVIS

DE L'ÉDITEUR.

Au mois de novembre de l'année 1800, un jeune médecin français à tête poétique se réunit à une famille de planteurs de la Martinique pour se rendre de Londres dans cette colonie, avec le projet de s'y fixer pour tenter fortune.

Un enfant de cette famille avait été laissé en Angleterre pour y finir son éducation; le jeune docteur s'était engagé à lui rendre compte du voyage qu'il allait entreprendre, et il remplit cette promesse par la série de lettres dont l'impression n'a pour objet que de reporter à une époque heureuse la pensée de ceux qui composaient cette société, et d'offrir, de la part de l'éditeur, un hommage de reconnaissance aux habitans de la Martinique pour l'accueil qu'il en a reçu; à tous autres égards, ces lettres ne sont que *ludibria venti.*

VOYAGE
D'ANGLETERRE
A LA MARTINIQUE.

LETTRE PREMIÈRE.

Portsmouth, novembre 1800.

Vous m'avez fait promettre, Monsieur, de vous envoyer le journal de notre voyage ; c'est un engagement que j'ai pris et que je tiens avec plaisir. Je désirerais que mon style eût cette aimable facilité, ces grâces fines et légères qui répandent de l'intérêt sur les moindres détails ; mais, au défaut de cet avantage, vous pourrez compter sur la fidélité de mes récits.

Tout journaliste à son lecteur
Peut en imposer sans scrupule ;
Tout Gascon qui n'est pas menteur
Est un Gascon fort ridicule ;

Tout voyageur avec grand soin
Confirme l'adage vulgaire :
« A beau mentir qui vient de loin » ;
Et tout poète qui veut plaire
Du talent de peindre a besoin.
Or, je suis Gascon par naissance,
Voyageur par événement,
Journaliste par complaisance,
Poète par amusement.
Je pourrais donc, en conscience,
Mentir quelque peu..... Mais enfin
Je n'en prendrai pas la licence ;
J'en jure, foi de médecin.

Après cette promesse solennelle, j'entre en matière.

C'est, comme vous le savez, le 19 novembre que nous avons quitté Londres pour nous rendre à Portsmouth. Cette ville est petite et mal bâtie, mais sa rade est vaste et commode. Le départ et l'arrivée des convois la rendent assez florissante pendant la guerre ; en tems de paix, elle doit être bien triste et bien misérable. Ses fortifications sont trop étendues, autant que nous avons pu en juger par le coup d'œil rapide que nous y avons jeté en les traversant à notre arrivée ; car, comme étrangers, et comme Français surtout, il nous a été enjoint de ne pas nous en approcher. Il paraît que la police surveillé ici avec soin les inconnus. M. de Retz et moi, nous promenant hier sur la place, avons été abordés par un constable qui nous a priés très-poliment de lui exhiber nos passeports. Au reste, nous sommes encore les seuls de notre connaissance à qui on ait fait subir un pareil examen : en voici peut-être la raison : M. de Retz a une toilette plus que négligée ; la mienne n'est pas trop soignée. Si à notre costume un peu hétéroclite vous joignez une barbe épaisse, des cheveux mal peignés, si peu en harmonie avec la propreté recherchée des Anglais de toutes les classes, vous concevrez qu'on a dû nous prendre pour des vagabonds sans aveu, et qu'une telle ressemblance a dû attirer sur nous l'attention de la police.

LETTRE II.

Portsmouth, 18 novembre 1800.

Monsieur,

Nous n'avons pas jugé à propos de nous établir dans une auberge, autant pour notre commodité que par économie. Madame votre mère a pris un appartement dans une maison bourgeoise, où elle fait faire son ménage sous la direction de M. de Retz, dont les talens, dans cette partie, lui ont valu, à juste titre, les éloges de la société. M. de Jorna a été admis au nombre de nos commensaux, ainsi que M. de Bouillé (1). Ce dernier s'occupe à chercher un passage sur quelque bâtiment de guerre. Nous espérons tous qu'il ne réussira pas, et que notre troupe sera augmentée de cet aimable compagnon de voyage.

En attendant le départ de la flotte, que tantôt les vents, tantôt les ordres de l'amirauté retiennent dans le port, nous faisons de notre mieux pour tromper la longueur du tems. Ce n'est pas dans les agrémens que peut offrir la ville que nous en cherchons les moyens, c'est du sein de notre société qu'il nous faut tirer toutes nos ressources en ce genre; et nous en avons assez, Dieu merci, pour n'avoir pas regretté Londres un instant.

Le matin, les occupations du ménage, la correspondance, et quelquefois la promenade,

(1) C'est ce même comte de Bouillé à qui son dévouement à la cause royale et son attachement à la personne de MONSIEUR ont valu la place d'aide-de-camp du roi.

remplissent nos momens. Le soir, madame Dessales a toujours du monde. Ce sont des jeunes gens qui partent comme nous par le convoi. Le jeu, la danse, le chant prolongent les veillées. Mademoiselle Point-de-Sable se distingue au milieu de cette foule bruyante par sa gaieté folâtre, et mademoiselle Lombois y perd insensiblement cette réserve trop sévère que l'éducation anglaise donne aux jeunes personnes. Votre maman n'est triste que quand elle songe à vous. M. votre père n'est point celui qui se livre avec le moins d'ardeur à tous ces petits jeux que l'oisiveté inventa pour tromper l'ennui : souvent il les rend plus divertissans par des impromptus de sa façon. Je ne dois pas oublier dans l'énumération de nos délassemens le jeu de loto, auquel nous consacrons une heure tous les jours. J'avoue que ce n'est pas pour moi la plus agréable de la journée.

LETTRE III.

Portsmouth, 20 novembre 1800.

MONSIEUR,

Dès les premiers jours de notre arrivée ici, il a couru sur l'*Active* des bruits qui nous ont donné de l'inquiétude. On disait que ce bâtiment ayant éprouvé du dommage dans le coup de vent qu'il a essuyé dans les dunes le 7 de ce mois, ne serait pas en état de partir avec la flotte, et que s'il partait, il ne serait peut-être pas prudent de s'y embarquer. Heureusement, le capitaine O'brien est venu lui-même dissiper nos alarmes, et il n'a pas eu de peine à nous prouver qu'elles étaient sans fondement; il a ensuite engagé votre maman à quitter Portsmouth pour aller s'établir à l'île de Wight, qui n'en est éloignée que de six milles, et où nous serions plus à portée du bâtiment mouillé tout auprès. Ce conseil a été écouté: mais avant de laisser là Portsmouth, dont je n'aurai sans doute plus occasion de vous parler, il faut que je vous dise un mot de deux personnes que nous y avons vues, et dont il sera peut-être question dans la suite. L'un est M. Barry, jeune Anglais, que vous avez sans doute vu à Londres.

Il n'a de ses concitoyens
Ni la gravité flegmatique,
Ni leurs éternels entretiens
De commerce et de politique.
Il sait dire de jolis riens,
Comme si Paris l'eût vu naître;
Il est galant et petit-maître.
Il a l'air étourdi, l'œil un peu libertin,
L'esprit gai, le cœur tendre, et pour tout dire enfin,
S'il n'est pas né Français, il est digne de l'être (1).

Son enjouement répand sur tous nos petits entretiens un charme de plus. Il y prend part avec une vivacité qui ne se ressent en rien de cette sombre mélancolie qui semble être le triste apanage des enfans d'Albion. Cependant l'agréable gentleman n'est pas si attentif à nos jeux folâtres, qu'il ne le soit encore davantage aux charmes de mademoiselle Point-de-Sable, dont les yeux ont fait sur lui une impression

(1) Ce même M. Thomas Barry a été depuis colonel aide-de-camp d'honneur du gouverneur de la Martinique, où il a laissé de nombreux amis.

peut-être plus vive que profonde. Quoi qu'il en soit, il lui rend des soins assidus, qu'elle reçoit gaiement et sans façon. Il en résulte des scènes qui nous amusent infiniment. C'est une source féconde de plaisanteries, qui deviendrait inépuisable, s'il ne fallait se séparer.

M. Barry a présenté à votre maman le capitaine du vaisseau de guerre *le Bordelais* (1). C'est un marin de bonne mine, qui a offert ses services à nos aimables voyageuses. Son bâtiment fait partie de l'escorte destinée à nous convoyer.

LETTRE IV.

Ryde, île de Wight, 26 novembre.

Monsieur,

Nous sommes dans l'île de Wight depuis deux jours. Le petit trajet de Portsmouth ici s'est fait par le plus beau tems du monde et sans aucun accident. Arrivés à Ryde, village situé au bord de la mer, nous avons eu assez

(1) Le capitaine Thomas Manby.

de peine à trouver un logement convenable. Enfin, le capitaine O'Brien, qui nous avait accompagnés, nous a installés chez un fermier, dont la maison, assez commode, respire l'aisance et la propreté. Pendant que ces dames s'arrangeaient de leur mieux dans ce logement, un peu trop serré, M de Retz, notre infatigable pourvoyeur, faisait connaissance avec le boucher, avec l'épicier, avec la fruitière du lieu; et, grâces à ses soins prévoyans, nous eumes le soir un petit souper impromptu, et un dîner pour le lendemain.

Wight est une île d'une très-médiocre étendue; mais on pourrait lui appliquer l'inscription que S. A. R. le comte d'Artois avait fait mettre sur sa jolie maison de Bagatelle : *Parva sed apta.* Elle est agréablement mêlée de coteaux et de vallons, qui paraissent également fertiles; de gras pâturages, de guérets bien cultivés, de petits bois jetés sans symétrie, de nombreux ruisseaux qui l'arrosent en la traversant en tous les sens, tout cela doit en faire dans la belle saison un séjour délicieux. Les femmes y sont presque toutes fraîches; et là, plus qu'en aucun endroit d'Angleterre, on trouve de ces visages éblouissans de blancheur, de ces teints de lis et de rose, qu'on ne voit guère en France que dans les portraits que nos romanciers font de leurs héroïnes. Cette remarque m'a fait trouver l'île de Wight plus intéressante encore.

Est-il quelque pays sauvage
Dont ce sexe charmant n'adoucisse l'horreur?
En est-il d'assez enchanteur
Qu'il n'embellisse davantage?
J'aime les bois, les champs, la fraîcheur et l'ombrage;
Mais parmi ces objets chéris,
Combien l'aspect d'un beau visage
En augmente pour moi le prix!
Otez au Lignon ses bergères,
Au Tempé ses nymphes légères,
Et leurs rians vallons, leurs bords toujours fleuris,
Ne nous intéressent plus guères.
Dans ce riche et brillant jardin
Habité par le premier homme,
Avant qu'il eût mordu la pomme
Pour le malheur du genre humain,
Sur la terre qui le vit naître,
Paisible et triste souverain,
Il eût trouvé l'ennui peut-être;
Mais Dieu lut dans son cœur, Eve reçut le jour;
Sous les bosquets d'Eden Adam connut l'amour.
Heureux époux, il en eut les prémices;
Et dès lors seulement le fortuné séjour
Fut surnommé par lui le *Jardin de délices*.
Oh! qu'il fit voir et d'esprit et de sens

Ce prophète guerrier que l'Orient révère,
Quand il jeta les fondemens
De sa doctrine mensongère!
Dans ces lieux enchantés à ses élus promis,
Si l'adroit Mahomet n'eût mis
Que des fruits et des fleurs, des bois et des fontaines,
Et qu'il eût oublié les célestes houris,
Le dévot musulman prendrait-il tant de peines
Pour mériter le paradis?

Pardonnez-moi, Monsieur, cette digression que je ne me serais pas permise, si j'écrivais pour quelque grave personnage; mais j'ai pensé qu'à seize ans l'on écoutait volontiers l'éloge d'un sexe pour lequel on va commencer à vivre. Dans cette idée, je ne vous quitte qu'un instant pour vous ramener demain à l'île de Wight.

LETTRE V.

Ryde, 27 novembre 1800.

Je vous parlai hier, Monsieur, des jolies femmes de l'île de Wight. Cette aimable denrée y est on ne peut plus abondante; il n'est pas de maison qui n'en renferme au moins une et quelquefois plusieurs. MM. de Jarna et de Bouillé ont, pour leur compte, une jeune hôtesse qui joint aux avantages extérieurs, des tons et des manières qui ne sentent pas du tout le village. Elle est envers ses hôtes d'une prévenance dont ils se louent fort. M. de Jarna, surtout, en fait volontiers l'éloge, ce qui lui attire de la part de nos dames, des plaisanteries dont il ne se défend que faiblement. Au hasard de devenir aussi l'objet de quelques railleries, je voudrais que le destin nous eût aussi agréablement placés M. de Retz et moi; mais il s'en faut bien que nous ayons à nous louer du lot qui nous est échu. Notre hôtesse est une vieille édentée, dont la face décrépite est encore enlaidie par un air de mauvaise humeur qui ne la quitte jamais. Pour moi, je crois que c'est par une punition expresse du ciel que, dans un pays où les jolis visages sont en si grand nombre, notre génie nous a conduits dans la maison de cette dégoûtante créature. De quel crime êtes-vous donc coupables, allez-vous me demander, pour mériter un châtiment si sévère? Ecoutez, Monsieur; notre exemple vous servira à ne jamais encourir un cas semblable.

M. de Retz et moi, en partant de Londres, étant montés dans la voiture, nous nous étions établis, comme de raison, dans les meilleures places, lorsqu'on arrêta pour recevoir deux dames, que l'obscurité de la nuit ne nous permit pas de remarquer. Sans pouvoir juger ni de leur figure, ni de leur mise, je demandai à mon compagnon de voyage s'il n'était pas de la courtoisie française de leur céder les places que nous occupions? Il prétendit que ce n'était point l'usage en Angleterre, de se déranger pour les femmes, et qu'il fallait se conformer aux coutumes du pays. En conséquence de cette observation, nous ne bougeâmes pas. A minuit, pendant qu'on changeait de chevaux, nous descendîmes dans une auberge. Imaginez quelle fut ma surprise et ma confusion, lorsqu'à la lueur des flambeaux je vis que l'une de ces voyageuses était une petite personne de la plus séduisante figure; l'autre me parut être la mère. J'avoue alors que j'eus un vif regret de l'impolitesse que nous avions commise à leur égard. Nous leur offrîmes nos places en remontant, mais elles ne jugèrent pas à propos de répondre à cette tardive civilité. Le matin, lorsque les premiers rayons du jour nous permirent de considérer plus à notre aise la mère et la fille, celle-ci ne perdit rien à ce nouvel examen. Un beau teint, de grands yeux noirs, une petite bouche, vermeille comme le plus pur corail, et les plus belles dents du monde, composaient cette charmante figure, dont la beauté recevait un nouvel attrait par l'expression d'une physionomie pleine de douceur et de décence. Je ne jetai pas les yeux sur elle sans rougir intérieurement de la manière dont nous nous étions conduits. Je ne sais si M. de Retz éprouva de si cuisans remords; mais il fut puni d'une autre façon, car un sixième compagnon de voyage étant venu compléter la voiture, trouva commode de se placer dans le fond, entre M. de Retz et moi; il prit, toute la nuit, M. de Retz pour son oreiller, et l'accabla sous le poids de son énorme embonpoint, un des plus extraordinaires que j'aie vu en Angleterre. Il semble que notre faute était assez expiée, et voilà que notre châtiment commence aujourd'hui d'une manière plus cruelle, sans cependant que nous ayons raison de nous plaindre.

Jeune nymphe, au beau corsage,
Au teint de rose et de lis,
D'abord nous tombe en partage;
Mais d'un si rare avantage

Nous méconnaissons le prix.
Pour venger ce crime énorme,
Vieille fée, au ton hargneux,
Fatigue aujourd'hui nos yeux
De son squelette difforme.
Ainsi, quand il nous punit,
Le ciel règle avec justice
La nature du supplice
D'après celle du délit.

LETTRE VI.

Ryde, 28 novembre 1800.

MONSIEUR,

Il sera encore question, dans cettte lettre, des jolies femmes de l'île de Wight; c'est un chapitre aussi agréable qu'abondant. Il y aurait d'ailleurs de l'injustice à oublier la fille de la maison où loge votre maman; elle n'a pas une taille avantageuse; à cela près, elle est très-bien. Je fais croire à Margean que je suis amoureux d'elle : il vient quelquefois me dire à l'oreille, avec ce petit air malin que vous lui connaissez : « M. Durieu, venez de ce côté; elle y est. » — « Qui ? » — « Votre maîtresse. » Un officier qui est fort assidu dans la maison, et qui m'a paru l'amant en titre de la belle, l'inquiète beaucoup pour moi. Il a soin de m'avertir lorsqu'il le voit entrer ou sortir. Je ne sais si je me trompe, mais votre frère sera, un jour, un bon compagnon ; il aime les jolies demoiselles, et il suffit de le voir pour juger qu'il ne leur déplaira pas.

A ses traits délicats, à sa taille légère,
A son regard, et tendre et malin tour à tour,
Sans peine on le prendrait pour l'enfant de Cythère ;
Mais on n'est pas surpris qu'il ressemble à l'Amour,
Quand on connaît sa mère.

Il a déjà l'air d'entendre malice à bien des petites choses au dessus de la portée de son âge. Quelquefois il déclare effrontément la guerre à Mlle Point-de-Sable, et lui parle avec un sourire malin de M. Barry. Que dis-je ? Il n'est plus, depuis long-tems, question de lui ; et comment serait-il possible qu'on s'en occupât ? il est à Portsmouth, et nous à Ryde. Mlle Point-de-Sable n'aime pas les amans qui se trouvent à six milles d'elle. C'est aujourd'hui l'heureux M. de Bouillé pour qui sont toutes les préférences, et qui le mérite à bien des égards, surtout par son empressement et son assiduité; mais qu'il ne s'éloigne pas, ce fortuné vainqueur! qu'il ne perde pas un moment sa conquête de vue! qu'il ne mette pas entre elle et lui six milles d'intervalle, s'il ne veut pas subir à son tour le sort de son rival oublié! Nos occupations et nos manières de vivre sont à peu près de même qu'à Portsmouth. Une partie de la société que nous avions dans cette dernière ville, nous a suivi dans notre nouveau domicile, et le fidèle loto nous y a accompagnés; Mlle Point-de-Sable, qui en est la propriétaire, ne manque pas tous les soirs de proposer la partie. M. de Bouillé est toujours de société avec elle.

Car le bonheur de cette belle,
Ou plutôt son adresse est telle
A cet admirable loto,
Qu'à tout coup, d'une voix badine,
Elle s'écrie : « A moi le quine! »
Son amoureux répond : « Bravo! »
Mais monsieur Dessales, qu'étonne
Et que lasse un pareil écho,
Fait comprendre enfin qu'il soupçonne
Qu'une petite main friponne
Dans le sac fouille incognito
Pour y choisir le numéro.
Celle à qui le trait se décoche,

Riant sous cape du reproche,
Prend toujours l'argent et l'empoche,
Nonobstant clameur de haro.
Si quelquefois elle est surprise,
Et que d'une feinte méprise
On la convainque *ipso facto*,
Bon Dieu, quel bruit et quel esclandre !
Dix voix soudain se font entendre
Toutes ensemble : « Ah! ah! Oh! oh!
» On vous y prend, Mademoiselle.
» — Messieurs, ce n'est qu'un quiproquo. »
On crie, on rit, on se querelle,
Et chacun s'en donne à gogo;
Tellement que d'un vertigo
La troupe semble être frappée;
Mais pendant qu'elle est occupée
A débrouiller l'imbroglio,
Moi, je m'esquive piano,
Crainte de voir par ce manége
Ma bourse, qui déjà s'allége,
Se trouver réduite à zéro.
Trop heureux donc d'en être quitte,
Dans mon lit je cours au plus vite,
Et je m'endors *ex abrupto;*
Ou bien, par un caprice rare,
Occupé d'un projet bizarre,
J'essaie en dépit d'Erato
Et du bon sens qui se révolte,
D'assembler des rimes en *o*,
Dont je vous destine *in petto*
La vaine et pénible récolte.

Nous avons quelques variétés dans les amusemens de nos après-dîners. M. de Retz est allé à bord du bâtiment, d'où il a rapporté la guitare de madame votre mère, et la lanterne magique. L'une et l'autre sont mises en usage pour charmer la longueur des heures qui, sans cela, s'écouleraient d'autant plus lentement, qu'une pluie presque continuelle nous ôte la ressource de la promenade. Votre maman nous fait entendre, pendant le jour, de petits airs charmans ou de jolies romances, qu'elle rend plus intéressantes encore par la manière dont elle les chante. Moi, je débite le soir un tas de fagots, en faisant promener, sur les murs blancs de l'appartement, les figures grotesques de la lanterne magique. Un de ces jours, nos dames ont eu envie de danser; on demanda s'il n'y avait pas un ménétrier dans le village; aussitôt on fut nous chercher le plus impitoyable *gariga* que j'aie entendu de la vie. Mais, si je n'ai jamais ouï rien de plus dur, de plus déchirant, que les sons de son malheureux crin-crin, je ne sache pas non plus avoir rien vu de plus burlesque que sa personne. Je n'essaierai pas de vous esquisser son portrait : il me faudrait pour cela le burin de Calot ou la plume de Scarron ; il n'est pas besoin de vous dire combien nous amusa cette étrange caricature. A son aspect, Margeau eut presque peur, et se réfugia dans les bras de papa. Cependant cet avorton de musicien nous joua, tant bien que mal, quelques *reels* anglais que nous dansâmes aussi tant bien que mal. Le lendemain nous le fîmes venir encore; nous avons eu ce soir-là un bal complet; MM. Maisoncel, Poincy, Du Crozan et autres, s'y sont trouvés. Nous avons sauté à qui mieux mieux, fatigué beaucoup, et ri encore davantage.

LETTRE VII.

Ryde, 1er décembre 1800.

MONSIEUR,

J'ai à vous parler aujourd'hui d'une petite promenade que nous avons faite sur mer, pour prendre un à-compte sur le plaisir de la traversée. Le 28 novembre au matin, les vents parurent un instant vouloir cesser de nous être contraires; le signal fut donné pour se préparer à mettre à la voile; le capitaine Millet vint le soir nous prendre dans sa chaloupe, et nous conduisit à bord. Tout semblait nous promettre que nous partirions le lendemain. Le vent, qui avait soufflé toute la nuit dans la direction désirée, se soutint encore dans la matinée du 29; à dix heures le commodore tira un coup de canon; nous mîmes à la voile à dix heures et un quart : nouveau coup de canon; l'ancre fut levée, et nous voilà en route ; mais à dix heures et demie le vent changea tout à coup; à onze heures, nous avions repris notre première position; ainsi, après une promenade de quelques minutes, nous ne nous trouvâmes pas plus avancés qu'auparavant. Nous couchâmes cependant à bord, dans l'espoir que les vents redeviendraient favorables; nous y avons même passé la journée d'hier; mais enfin, le vent persistant à souffler du sud et de l'ouest, nous sommes descendus à terre où nous sommes depuis hier au soir. Votre maman a repris à Ryde son premier logement. Je regagnai mon gîte, mais M. de Jorna a trouvé le sien occupé, ce qui l'a un peu contrarié; ce n'est pas qu'il craigne de manquer de logement,

Mais ce qui bien plus l'intéresse,
C'est de savoir s'il trouvera

Ailleurs une seconde hôtesse
Jeune, jolie *et cætera.*
Et s'il en trouve une aussi belle,
Est-il certain qu'elle sera
Comme l'autre, spirituelle,
Vive, agaçante, *et cætera?*
Et, supposé qu'elle soit telle,
Savoir encore s'il pourra,
Dans sa chambre, seul avec elle,
Rire, causer, *et cætera.*

LETTRE VIII.

A bord de *l'Active*, 7 décembre 1800.

Nous voilà, monsieur, embarqués pour la seconde fois, et j'espère que nous avons fait nos derniers adieux à l'île de Wight. J'ai à vous rendre compte des huit jours que nous venons d'y passer encore. Ils n'ont pas été tout-à-fait perdus. Madame votre mère désirait beaucoup avoir une vache à bord, et le capitaine O'Brien la lui avait formellement promise à Londres; il en avait de nouveau pris l'engagement à Portsmouth; mais nous avons tout lieu de croire qu'il nous amusait de belles paroles, et qu'il avait donné au capitaine Millet des instructions opposées à ces démonstrations apparentes. Il a fallu, pour obtenir cette vache désirée, entrer en composition, et il a été convenu que votre maman la prendrait pour son compte à la Martinique, et que si elle périssait en chemin, on rembourserait au capitaine l'argent qu'elle lui aurait coûté. A ces conditions, il nous a été permis de nous livrer à l'espoir de prendre tous les jours notre café au lait, et le thé à la crème. La vache fut donc embarquée le 5 décembre. Le lendemain le vent passa au nord-est, et les signaux furent donnés pour se préparer à partir. Ce moment attendu, et si long-tems retardé, arriva enfin. Mais avant de vous montrer votre famille tremblante, et moi-même peu rassuré, luttant dans un frêle canot contre le vent et la marée, l'exactitude historique exige que je vous parle d'une alerte assez désagréable que nous eûmes dans la nuit du 5 au 6.

Un jeune homme de la Martinique, M. de L'Estrade, qui a étudié la médecine à Edimbourg, où il a ruiné sa santé, en se livrant, avec trop d'ardeur, à l'étude de l'anatomie, était malade à Ryde, où il attendait comme nous le départ de la flotte ; il eut la nuit une crise si dangereuse, que ses amis, effrayés, crurent devoir m'éveiller pour lui administrer les secours que son état alarmant semblait exiger ; ils me croyaient logé chez madame votre mère, et l'un d'eux, à une heure du matin, vint frapper à sa porte ; tout le monde crut qu'il fallait s'embarquer sur-le-champ ; la nuit était obscure, il pleuvait : jugez du trouble et des inquiétudes de votre papa et de votre maman. Instruits enfin de la cause de cette visite, ils envoyèrent chez moi le fâcheux messager ; j'accourus auprès du malade que je ne jugeai pas en grand danger ; ses compagnons de voyage veillaient cependant, mais auprès d'un bon feu, avec la fille et la servante de la maison, et ils ne me parurent pas occupés à réciter les prières des agonisans ; il n'y avait en effet pas de quoi. Les forces de M. L'Estrade se rétablirent assez vite, pour qu'il se trouvât le lendemain en état de quitter son lit, et de se faire conduire à bord.

Le soir, à six heures, comme nous nous acheminions vers le rivage, sous la conduite du capitaine Millet, chacun portant son sac de nuit sous le bras, nous avons rencontré

M. Charton qui revenait de Londres, où il avait été précipitamment, et d'où il ramenait mademoiselle Cadrousse. Il proposa à madame Dessalles de la prendre avec elle à bord de *l'Active*. Madame Dessalles l'eût accepté volontiers, et nous aurions été charmés de voir notre troupe augmentée et embellie par cette jeune demoiselle, mais nous n'avions pas une place convenable à lui offrir. M. de Bouillé, qui s'est joint à nous, sans que cela ait été prévu, nous a mis déjà si à l'étroit, qu'il ne reste pas le plus petit coin dont on puisse disposer.

M. Charton donna de vos nouvelles à vos parens. Il leur dit qu'il vous avait vu la veille, à Londres, bien portant, et cela leur fut infiniment agréable, au moment où, prêts à mettre la mer entre eux et vous, ils allaient se priver de la douceur d'une correspondance qui avait fait, à Portsmouth et à Ryde, la plus chère de leurs occupations. Arrivés au bord de la mer, nous fûmes reçus dans un petit canot, où nous n'entrâmes qu'avec répugnance; car la mer était très-mauvaise; le vent soufflait avec force, et, pour comble de malheur, la marée nous contrariait encore. Si le trajet n'était pas, en effet, dangereux, il ne se fit pas sans inquiétude. Votre maman, mademoiselle Aurore, mademoiselle Point-de-Sable, se mouraient de frayeur; votre papa n'était pas tranquille ; et moi, qui me voyais balancé pour la première fois sur une mer orageuse, je ne savais trop que penser. Nous arrivâmes cependant sans aucun accident fâcheux. On fut obligé de hisser ces dames dans un fauteuil à bras, et de les mettre à bord comme des ballots de marchandises. Le capitaine, qui avait pris Margean sur ses épaules, ayant fait un faux pas en montant l'échelle de corde, votre pauvre petit frère lui serait échappé, s'il ne se fût saisi du collet de son habit, où il se tint fortement attaché. La peur lui arracha un cri perçant. Il serait difficile de vous dépeindre l'effroi que nous eûmes tous, mais principalement M. votre père, qui, se voyant, ainsi que son cher fils, hors de tout danger, le serra dans les bras, avec une tendresse que l'idée du péril auquel il venait d'échapper rendait plus vive qu'à l'ordinaire.

LETTRE IX.

A bord, le 8 décembre 1800.

Monsieur,

Si vous ne connaissiez pas notre bâtiment, je vous en ferais une briève description; mais il suffit de vous dire de quelle manière chacun de nous est placé : Votre maman occupe, pendant la nuit, et une très-grande partie du jour, le canapé à droite; M. de Jorna est à gauche, vis-à-vis. Les deux jeunes demoiselles couchent dans les cabanes du fond; celle qui est au bas de l'escalier a été cédée à M. de Bouillé; M. votre père a conservé sa chambre, où se trouve aussi pour moi une petite place. J'occupe précisément le lit que vous avez occupé pendant deux mois. Si vous étiez une jolie femme, cette circonstance me fournirait, en vous écrivant, matière à quelques plaisanteries. Ma muse ne s'en croirait pas quitte à moins d'un madrigal, et voici peut-être ce que je dirais à l'Amour :

Loin d'Iris je porte mes pas,
Et pour me consoler d'une absence cruelle,
Tu veux que dans le lit qui reçut tes appas,
Repose ton amant fidèle.
Je rends grâce à tes soins, Amour ; mais, par pitié,
Ramène-moi bientôt vers elle,
Dussé-je de son lit lui rendre la moitié.

Vous voyez, Monsieur, que si vous étiez une jolie femme, vous seriez exposé à entendre des balivernes et à recevoir de fades complimens. C'est une raison de plus, ajoutée à mille autres, pour vous féliciter d'appartenir au sexe masculin. Mais alors je deviens le maître de vous dire, avec franchise, que votre lit, aujourd'hui le mien, est le plus vilain petit réduit qu'il soit possible de voir. J'y suis si à l'étroit que, pour me retourner, il me faut prendre des soins et des précautions comme s'il s'agissait de faire des tours de force : *Nota benè :* qu'il a un voisinage fort désagréable ; vous sentez ce que je veux dire. M. de Retz couche au milieu de la chambre, sur un matelas, et à côté de Céleste et de Théotiste. *Honni soit qui mal y pense.* Les deux cabanes de la salle à manger sont occupées, l'une par le capitaine, l'autre par un jeune Irlandais, d'un nom très-connu : il s'appelle William Robinson. M. votre père veut qu'il sorte en ligne directe de Robinson Crusoé. Au surplus, c'est un bon enfant, dont le teint annonce une santé brillante. Il est appelé dans les îles par un de ses oncles, habitant de la Dominique.

LETTRE X.

A bord, ce 9 décembre 1800.

MONSIEUR,

Au moment que j'achevais ma dernière lettre, le commodore fit le dernier signal de départ. Toutes les voiles se déployèrent à la fois, et la rade retentit des cris des matelots. La mer était belle, le vent favorable. Je montai sur le pont pour considérer le spectacle, imposant et nouveau pour moi, de cette multitude de vaisseaux de toutes grandeurs, qui vont porter dans le Nouveau-Monde les produits variés de l'industrie européenne. La flotte, dont une partie est destinée pour le Portugal, se compose de plus de trois cents voiles. Plusieurs bâtimens de guerre doivent assurer sa marche, et ne nous laissent à redouter que les vents et la tempête. J'admirais en secret la politique et la puissance de cette nation industrieuse, dont le commerce embrasse le monde entier, et dont la prospérité, toujours croissante, étonne autant qu'elle humilie les autres puissances de l'Europe. Je fus troublé dans mes réflexions par une scène touchante qui se passait auprès de moi. Notre capitaine et sa tendre moitié, au moment de se quitter, confondaient leurs larmes et se disaient un douloureux adieu. Ce couple intéressant nous avait offert, pendant plusieurs jours, le tableau le plus ravissant de l'amour conjugal, et a voulu nous rendre témoins de la vivacité et de l'amertume de ses regrets : nous y avons pris une part d'autant plus sincère, que cette douleur mutuelle des deux époux, qui s'éloignent l'un de l'autre, est chose assez rare dans le siècle où nous sommes. Après force embrassades, beaucoup de larmes, de soupirs, de sanglots, et mille protestations de tendresse et de fidélité, madame Millet se jeta dans un canot; le capitaine, d'un œil attendri, la suivit encore long-tems sur les flots; mais enfin il essuya ses pleurs, et s'occupa de ses manœuvres. Il était tems; une heure entière, passée et perdue dans ces doléances maritales, nous avait mis en retard, et *l'Active* se trouva un moment à la queue du convoi; mais elle eut bientôt gagné de vitesse la plupart des bâtimens qui nous avaient devancés, car elle est excellente voilière. On peut dire qu'elle est à la fois légère et solide; et, puisque j'en suis à son éloge, j'ajouterai que c'est, sans contredit, le vaisseau le plus richement chargé de la flotte; non qu'il porte plus de marchandises, mais n'a-t-il pas à son bord deux objets plus précieux que tout ce que pourraient fournir les manufactures les plus vantées d'Angleterre? Ne s'enorgueillit-il pas de porter trois dames charmantes? vous les connaissez :

L'une a la grâce, la noblesse;
L'autre la fraîcheur, la gaîté;
La troisième a plus de jeunesse;
Toutes trois ont de la beauté.
Chacune reçut en partage
Le don de plaire et d'engager;
Mais à laquelle l'avantage?
Oh! je n'ai garde d'en juger.

Je sais trop bien ce que la fable
Dit qu'il advint au beau Pâris,
Pour avoir, en un cas semblable,
Donné franchement son avis.
Si, comme lui, j'avais la pomme,
Pour en disposer à mon choix,
Moins étourdi que ce jeune homme,
Je la partagerais en trois.

A propos de cette pomme célèbre qui fut cause de tant de malheurs, je vous dirai qu'avant de quitter l'île de Wight, nous y avons fait une provision de pommes qui, j'espère, ne seront pas pour nous des pommes de discorde.

LETTRE XI.

A bord, ce 12 décembre 1800.

MONSIEUR,

Jamais voyage ne commença sous de plus heureux auspices que le nôtre; un vent frais, un ciel serein, une mer douce et tranquille, concouraient à faciliter notre sortie de la rade. Le soir, au coucher du soleil, nous eûmes franchi le passage étroit des Aiguilles, et nous entrâmes dans la Manche. Le lendemain, le 8, le tems ne fut pas moins beau; personne ne s'est senti encore malade, et nous passons la plus grande partie de la journée sur le pont. Nous folâtrons aussi gaiement et avec autant de sécurité que si nous étions à terre. Nous ne sommes pas fâchés que les bâtimens voisins s'aperçoivent de la gaieté qui règne à notre bord. La *Justine* nous ayant approchés, nous avons eu des nouvelles de mademoiselle Caderousse et de ses autres passagers, qui sont tous de notre connaissance. En vain nous avons demandé à plusieurs reprises que cette jeune demoiselle parût sur le pont. On a répondu qu'elle était indisposée; et mademoiselle Point-de-Sable, qui a été élevée en France avec elle, a eu beau crier : *Zirphile! Zirphile!* le vent a emporté ses cris, et Zirphile ne s'est pas montrée.

Le 9, beau tems encore, un peu de calme; rien de nouveau. A midi, le vent a soufflé du sud avec assez de force; c'est ce qu'on appelle en terme de l'art une *brise gaillarde*. La mer était agitée; mais le ciel demeura serein. Le roulis du bâtiment, devenu plus sensible, commença à nous donner des maux de cœur et des nausées. Le commodore appela ce jour-là tous les capitaines à son bord pour les prévenir que si le mauvais tems séparait son convoi, le point de réunion était à Madère. Nous jugeâmes de suite que le commodore avait grande envie de faire sa provision de vin dans cette île. Hier, même tems que la veille.

LETTRE XII.

A bord, ce 17 décembre 1800.

Monsieur,

A peine remis des fatigues d'un tems affreux que nous venons d'essuyer, je m'empresse de vous en communiquer les détails. Le 12, jour où j'écrivis ma dernière lettre, nous eûmes un grand vent du nord-est qui nous fit faire beaucoup de chemin. Le 13, le ciel devint sombre; le vent, qui avait été très-fort durant toute la matinée, redoubla vers le soir et souffla jusqu'à huit heures avec une violence qui commença à nous donner des craintes. Une pluie abondante le calma pour un moment; mais bientôt après il reprit avec plus de fureur. La mer était extrêmement agitée, et nous passâmes la nuit dans les inquiétudes les plus cruelles. Je ne m'étais jamais trouvé à pareille fête : le matin, les choses avaient empiré. M. de Jorna m'invita à monter sur le pont pour voir le tems, qui présentait tous les caractères d'une véritable tempête. Quoique malade, je m'y traînai comme je pus; et m'attachant à l'un des mâts, je contemplai long-tems avec une admiration mêlée d'horreur le spectacle des vagues qui s'élevaient autour de nous comme des montagnes, et dont le choc à chaque instant semblait devoir nous engloutir. Nous avions perdu le commodore de vue; nous n'apercevions que trois ou quatre bâtimens luttant comme nous contre une mer furieuse. Ce tems dura tout le jour et une partie de la nuit suivante. Quel jour! quelle nuit! Je viens de vous dire ce qui se passait au dehors; je vais essayer de vous offrir le tableau de ce qui se passait au dedans:

Lorsque de ses grottes profondes,
Eole a déchaîné le vent,
Et que, d'un coup de son trident,
Neptune soulève les ondes;
Ou, pour parler sans fiction,

Lorsque du bout de l'horizon,
Accourt à grand bruit l'aquilon,
Et qu'une soudaine bourasque
Vous menace de quelque frasque,
Tremblante sur son canapé,
Et l'esprit de terreur frappé,
Votre maman pousse des plaintes
Dont les rochers seraient émus :
Pour calmer ses mortelles craintes,
Chacun prend des soins superflus.
Jorna plus qu'aucun autre essaie
De dissiper son noir chagrin ;
Mais il y perd tout son latin :
Un rien la trouble, un rien l'effraie.
Entend-elle le bruit des flots,
Nous allons chavirer sans doute !
Que vous dirai-je? elle redoute
Jusques aux cris des matelots,
Bruyant et sinistre présage
Des efforts croissans de l'orage.
Si le capitaine paraît,
D'une voix qu'elle pousse à peine :
« Capitaine ! ah ! cher capitaine !
» Nous sommes perdus, c'en est fait !
» — *No fraid, Madam; no fraid, no fraid,* »
Répond le marin, qui se joue
Des flots et des vents en courroux,
Et qui rit en nous voyant tous
Faisant plus ou moins triste moue.
Cependant, au bruit des concerts
Que les vents forment dans les airs,

Effrayé d'un tel tintamarre,
Monsieur Desalles désempare
De sa cabane et de son lit,
Et dans un coin, mal à son aise,
Se cramponnant sur une chaise,
En pantoufle, en bonnet de nuit,
Il attend, d'une ame inquiète,
Avec la fin de la tempête,
Le retour de son appétit;
Car il est à propos de dire
Que de tous nos maux, le pire
C'est que ces maudits ouragans
Sont pour nous des jours de vigiles,
Et que nos estomacs débiles,
A l'unisson se soulageant,
Par une cause sympathique,
Comme eux soumis aux mêmes lois,
Semblent avoir tous à la fois
Pris une dose d'émétique.
Qui nous verrait le lendemain,
Le ventre plat comme la main,
La barbe épaisse, le teint blême,
Les yeux battus, les bras pendans,
Nous prendrait pour des pénitens
A peine sortis de carême.
De ce jeûne austère et forcé,
De Retz lui seul est excepté;
Il conserve, malgré l'orage,
Bon estomac et bon courage,
Et, de la vie, un coup de vent
Ne lui fit perdre un coup de dent.

Mais, dans ces crises orageuses,
Que font nos jeunes voyageuses?
L'une (celle qui, dans Paris,
Semble avoir, en quittant la France,
Fait une pacotille immense
De jeux, de folie et de ris)
Ne craint ni les ondes émues,
Ni les vents sifflant dans les nues;
Mais elle se plaint jour et nuit
De cette mer impertinente
Qui la fait rouler dans son lit
D'une manière fatigante,
Qui la tracasse, la tourmente,
Et lui fait perdre l'appétit.
Elle voudrait, la belle Aimée,
Lorsque le soir, entre deux draps,
Elle enveloppe ses appas,
Que la vague à l'instant calmée,
Respectant l'heure du repos,
Permît à l'aimable Morphée
De lui verser tous ses pavots.
La jeune Aurore, plus craintive,
Mais non moins légère, à son tour,
Tantôt gaie et tantôt plaintive,
Pleure la nuit et rit le jour.
Souvent, dans sa douleur extrême,
Tremblante, éperdue, elle-même
Elle cherche à calmer la peur
De sa voisine, et la redouble
Par l'accent d'une voix que trouble
L'excès de sa propre frayeur.

Parmi ces plaintes et ces larmes,
Comte de Bouillé, que fais-tu?
Ton cœur, par de vaines alarmes,
Serait-il lui-même abattu?
Mais non; de ces terreurs paniques
Ton esprit n'est jamais frappé,
Et d'un plus doux soin occupé
Au milieu des craintes publiques,
Tu ne songes qu'à la langueur,
Aux souffrances, aux maux de cœur
De la charmante Point-de-Sable,
Qui, même en ce moment d'horreur,
Paraît encore assez aimable
Pour que l'emploi de son docteur
Soit un emploi fort agréable.
Tandis que les vents et les flots
Nous font faire mainte saccade,
Dans l'oreille de la malade
Tu glisses de tendres propos,
Et même plus heureux peut-être,
Dans le trouble et l'obscurité,
L'amour ose-t-il se permettre?...
Que sais-je?... Mais, en vérité,
En vérité........ ma muse, arrête;
Ou bien, raconte-nous plutôt
Ce que tu dis quand la tempête
Nous livre un si terrible assaut.
Moi, dans le fond de ma couchette,
Je dis tout bas, et je répète:
Heureux celui qui, dans le port,
Content de son humble fortune,

Des vains caprices de Neptune
Ne fait pas dépendre son sort!
Heureux qui peut passer sa vie
Dans une retraite embellie
Par une compagne chérie,
Du bon vin, des livres choisis
Et quelques fidèles amis!
Dans sa paisible solitude,
Sans ennui, sans inquiétude,
Il coule des jours fortunés;
Et qu'en ce moment un orage
Soulève les flots mutinés,
Ce tableau, qui nous épouvante,
Lui plaît, le transporte, l'enchante,
Et ses yeux, sans être effrayés,
Contemplent l'onde mugissante
Qui, dans sa fureur impuissante,
Bondit et se brise à ses pieds;
Ou si, dans son champêtre asile,
Entre sa femme et ses enfans,
Aux douceurs d'un sommeil facile
Il abandonne alors ses sens,
Loin que son esprit s'inquiète
Du vain bruit que les vagues font,
Les vents qui sifflent sur sa tête
Rendent son sommeil plus profond.
Oui, je le dis, je le répète,
Heureux celui qui, dans le port,
Content de son humble fortune,
Des vains caprices de Neptune
Ne fait pas dépendre son sort!

LETTRE XIII.

A bord, ce 18 décembre 1800.

MONSIEUR,

Le lendemain d'un orage, on s'amuse ordinairement des frayeurs de la veille ; voilà aussi ce que nous avons fait. La mer a cependant été très-grosse le 15, et même le jour suivant, mais nous nous en sommes moins aperçus, parce que nous avons eu le vent favorable, et et que nous avons fait beaucoup de chemin. Nous avons retrouvé le commodore, que nous avions, comme je vous l'ai dit, perdu de vue pendant la tempête, circonstance qui a ajouté au plaisir que nous donne le beau tems, et qui a contribué encore à nous rendre toute la gaieté des premiers jours de notre voyage. Ce coup de vent ne nous aurait enfin laissé dans l'esprit que le souvenir agréable d'un péril évité, sans un événement fâcheux qui en a été la suite, et qui sera pour vous une source de regret. Cette vache qu'on avait eu tant de peine à obtenir, qui avait été l'objet particulier d'une négociation entre votre maman et le capitaine; cette vache sur laquelle se fondait notre espoir de prendre tous les matins notre café, et le soir le thé à la crème; cette vache, enfin, que la qualité et l'abondance de son lait rendait plus précieuse, elle n'est plus. Elle tomba malade au commencement de l'orage; on vint même nous annoncer sa mort; et votre maman, à cette nouvelle, s'écria douloureusement: « Voilà le commencement de nos malheurs. » Cependant on s'était trompé, elle n'était pas morte; elle résista jusqu'au retour du beau tems, mais elle était très-malade. M. de Retz a fait ses efforts pour la sauver; il a eu beau la médicamenter de toutes les façons: ni le son pétri avec du miel, qu'il lui introduisait lui-même dans le gosier, ni une adresse, ni une patience admirable, ni le vin d'Oporto, dont il lui fit avaler une bouteille, n'ont pu la conserver, et il ne nous reste plus aujourd'hui, de cette pauvre bête, que le regret de sa perte, et son cuir desséché sur le gaillard d'avant.

Ce malheur, qui en est un léger en comparaison de ceux que nous avons craints, ne nous empêcha pas de profiter du beau tems pour nous refaire de nos fatigues, et nous dédommager de nos inquiétudes. Les jeux et les ris, enfans de la sécurité, ont succédé à la tristesse et à la crainte. L'éternel *loto* a voulu essayer de reparaître ; heureusement il n'a pas pris. Il a été plus agréablement remplacé par la danse qui remplit toutes nos soirées. Nous avons à bord un violon, dont le valet de M. de *Jorna*, digne émule de son maître, racle assez passablement. Un soir, pendant qu'il s'escrimait de son archet, et que nos dames et tous ces messieurs pirouettaient à qui mieux mieux, on vit tout à coup paraître dans la salle du bal deux personnages, dont l'un, les bras retroussés au dessus du coude, le bonnet blanc sur l'oreille, les reins ceints d'un long tablier, conduisait le second, qui, affublé d'une robe céleste, et coiffé d'un chapeau de Mlle Point-de-Sable, servait de dame au cavalier marmiton. Ils dansèrent la fricassée, aux applaudissemens unanimes de la compagnie, que cette farce divertit beaucoup. Or, devinez maintenant qui étaient ces personnages ? L'un était magistrat, l'autre un médecin de votre connaissance : il faut dire, à la louange du premier, qu'il eut le mérite de l'invention de cette scène, et que le second ne fit que contribuer à l'exécution. Vous voyez, Monsieur, que je ne m'écarte point de l'exactitude que je vous avais promise, et qu'historien impartial, je rends à chacun selon ses œuvres.

Cette même exactitude demande aussi que je vous parle de votre petite sœur, trop intéressante pour être oubliée. C'est peut-être celle sur qui les fatigues du voyage ont produit le moins d'effet. Les peines morales lui sont encore inconnues ; et pendant qu'autour de son lit, dans cette nuit d'effrayante mémoire, chacun était en proie aux craintes et aux inquiétudes, elle dormait d'un profond sommeil. En cet état, votre maman la considérait d'un œil attendri, plus tremblante encore pour ses enfans que pour elle-même. Mais si, dans les momens pénibles, la vue de ces objets chéris est pour elle un surcroît de douleur, elle en est bien dédommagée, lorsque, dans les beaux jours, elle reçoit leurs tendres caresses, et qu'aucune idée sinistre n'empoisonne un plaisir si doux. Quel plus riant tableau que celui de votre jolie sœur, jouant sur les genoux de sa belle maman! Ce rapprochement semble encore ajouter à la beauté de l'une et aux grâces enfantines de l'autre.

C'est ainsi qu'au retour de la belle saison,
Sur la tige qui les rassemble,
La rose épanouie et le tendre bouton,
L'un par l'autre embellis, sont admirés ensemble.

LETTRE XIV.

A bord, ce 19 décembre 1800.

MONSIEUR,

Je crois vous avoir dit dans le commencement de ce journal que le capitaine d'un vaisseau de guerre, faisant partie de l'escorte du convoi, présenté à madame votre mère par M. Barry, avait offert ses services pendant la traversée : il a fait plus; il nous a rendu des soins. Vous comprenez, quand je dis *nous*, que ce n'est qu'une façon de parler, et que c'est uniquement à nos dames que nous devons l'honneur d'une visite qu'il nous a faite hier. Il fut reçu avec toute la considération due à la politesse de son procédé et au grade dont il est revêtu. A peine nous eut-il annoncé par un signal qu'il se proposait de venir à notre bord, qu'à l'instant le capitaine Millet fit donner un coup de balai à son pont et un coup de brosse à son habit; ces dames, prévenues, s'empressaient de réparer la négligence de leur toilette, tandis que par leurs ordres les domestiques s'occupaient à ranger leur appartement et à lui donner un air de propreté, seul agrément dont il soit susceptible. Tout cela fut exécuté avec tant de diligence, qu'à l'arrivée de l'officier tout fut prêt pour sa réception. Il fut d'abord accueilli par M. de Bouillé, qui l'avait un peu connu à Portsmouth. Le capitaine Millet lui fit ensuite sa *salamalek;* et comme il traversait rapidement le pont en demandant les *ladies*, M. votre père, qui n'est pas grand complimenteur, se contenta de le saluer d'un petit mouvement de tête. J'allais aussi lui tirer ma révérence; mais je n'en ai pas eu le tems: il descendit dans le salon de ces dames, qui, en négligé aussi galant que les circonstances pouvaient le leur permettre, lui firent l'accueil le plus poli. Il demeura environ trois quarts d'heure avec elles; leur offrit des pastilles de menthe et autres bagatelles sucrées, et leur dit sans doute de fort jolies choses que je n'ai pas comprises. Il remonta sur le pont avec elles. Sa frégate passa ensuite devant nous avec tous ses pavillons déployés. Après cette galanterie, il prit congé en promettant de venir un jour dîner avec nous quand nous serions dans les beaux parages. Si je me suis si fort étendu sur les circonstances de cette visite, ce n'est pas uniquement pour barbouiller du papier. Un lecteur superficiel ne verrait sans doute là que des détails minutieux et tout au moins inutiles; mais vous remarquerez avec moi que si notre petit navire marchand semble tout fier d'avoir à son bord un capitaine de frégate, la frégate à son tour n'est pas moins enorgueillie de recevoir un chef d'escadre, qui lui-même, sur son vaisseau de 74, fait feu de tous ses canons lorsqu'un amiral l'honore de sa présence. Ainsi, de proche en proche, nous voyons sur terre comme sur mer le plus petit rendre hommage au plus fort, d'où l'ambitieux conclut que, puisque la mesure de considération des hommes est toujours en raison du pouvoir et des honneurs qu'on peut accumuler sur sa tête, on ne saurait jamais trop faire pour en acquérir, tandis que le sage, appréciant à son tour la juste valeur de ces vaines attributions et de ces hommages souvent intéressés, que la flatterie prodigue à l'orgueil, s'écrie : *Vanité des vanités, et tout n'est que vanité.*

Voilà deux conclusions ; choisissez : quant à moi, j'adopte la dernière, sans avoir peut-être d'autres raisons de mon choix que celles de certains soi-disant philosophes qui parlent avec mépris des richesses et des grandeurs, parce qu'ils ne les possèdent pas. Mais j'oublie que ce n'est pas un traité de morale que j'écris, et j'abuse sans doute trop du privilége de raisonner *ab hoc* et *ab hac*, que les journalistes se sont depuis long-tems arrogé.

J'aurais mieux employé mon tems et les pages que je viens d'écrire en vous disant que le capitaine de la frégate nous a appris que plus de quatre-vingts bâtimens avaient été séparés du convoi. Cet oubli me rappelle que je ne vous ai pas dit que ce coup de vent nous avait assaillis dans la Manche à cinquante lieues des côtes d'Irlande. J'aurais dû encore vous raconter dans son tems que deux bâtimens, trois jours après notre sortie de Portsmouth, s'étant abordés, s'endommagèrent au point qu'ils furent obligés l'un et l'autre de quitter la flotte et de rentrer dans le port le plus voisin. Le commodore recueillit les passagers qu'ils avaient à leurs bords. J'avais encore oublié de vous parler d'un accident qui se passa près de nous. Un matelot, du haut d'un mât, se laissa tomber assez maladroitement dans la mer, d'où il fut tiré fort heureusement. Voilà, je crois, toutes mes omissions réparées, et vous ne vous plaindrez pas, j'espère, que ce paragraphe de mon journal n'ait toute la sécheresse historique et toute l'exactitude ennuyeuse d'un journal de province.

LETTRE XV.

A bord, ce 19 décembre 1800.

MONSIEUR,

Il y avait sept à huit jours que nous jouissions d'un tems superbe, et que toujours chantant, riant, nous faisions beaucoup de chemin. Cela ne pouvait pas durer; nous étions dans le golfe de Biscaye lorsque, le 23, le vent s'étant tout à coup élevé avec force, nous menaça d'une tourmente pareille à celle que nous avions éprouvée dans la Manche. Heureusement ce n'a été qu'une répétition, en petit, des scènes tragiques que ma muse a essayé de vous décrire plus haut. Nous n'avons pasce pendant laissé que d'être très-fatigués, et pendant que le mauvais tems a duré, c'est-à-dire pendant trois grands jours, nous avons tous été, mais surtout votre papa et moi, d'une sobriété inconnue aux plus austères anachorètes. Le 25, jour de Noël, le tems s'adoucit, et notre appétit revint on ne peut plus à propos. Vous savez sans doute que la Noël est la fête principale des Anglais. Le capitaine, pour la célébrer dignement, fit préparer un bon dîner dont le fumet, apporté dès le matin par le vent jusque dans notre chambre, chatouillait agréablement l'odorat, et nous parut de si bon augure, que nous vîmes arriver le moment de se mettre à table avec presque autant de plaisir que nous aurions vu la fin de la tempête : jugez de notre appétit par la comparaison ; mais trois heures sont sonnées ; la petite clochette a donné le signal si vivement attendu ; les *à table! à table!* ont retenti d'un bout du pont à l'autre. Si vous êtes curieux d'avoir un spectacle intéressant, que votre pensée vous transporte pour un moment sur l'*Active ;* j'imagine que cela vous arrive souvent. Venez donc aujourd'hui, entrez dans notre petite salle à manger ; observez l'attitude des convives, qui, d'une main cherchant un appui pour se maintenir en place malgré les roulis, de l'autre, retenaient l'assiette et le verre toujours prêts à s'échapper. Comment feront-ils donc? Ne soyez pas en peine : l'ennemi paraît, la charge sonne; le combat va commencer.

D'abord sur la table étalé,
Un aloyau de bœuf salé
Remplit un large plat de sa viande vermeille,
Et de notre appétit, que ce spectacle éveille,
Soutient seul le premier effort.
Bientôt paraît, pour le renfort,
Un énorme pâté dont la voûte brisée
Laisse voir dans son sein les débris d'un mouton
Accommodés en fricassée,
Avec des tranches de jambon.
J'allais sur ce pâté vous dire des merveilles;
Mais j'ai tourné la tête, il n'était déjà plus.
Cependant le vin coule, et déjà trois bouteilles
Ont rendu la vigueur à nos corps abattus
Par les jeûnes et par les veilles,
Quand soudain, à nos yeux satisfaits et surpris,
Le rôt se montre : c'est une oie
Dont les flancs larges sont farcis
De quelques rogatons qu'on a mis en hachis.
A cet aspect charmant, une commune joie
Se répand dans les cœurs, sur les fronts se déploie.
On l'applaudit du geste, on la flatte de l'œil;
Chacun, en son honneur, trouve un mot agréable;

Jamais faisan, sur une table,
Ne parut avec plus d'orgueil,
Et surtout ne reçut un plus sincère accueil.
Cependant on l'attaque, on lui livre bataille;
A qui mieux mieux on la travaille :
A nous voir animés d'une si belle ardeur,
La victoire pour nous ne peut être incertaine,
Et certes ce n'est pas sans peine
Que nous en obtenons l'honneur;
Car cet animal aquatique,
Dont la chair et les os sont par l'âge endurcis,
Contre la troupe famélique
De ses dévorans ennemis,
Fait une si belle défense,
Qu'il ne fallait rien moins que trois jours d'abstinence
Où le ciel nous avait réduits,
Pour vaincre tant de résistance.
Dans cet assaut brillant, d'un beau zèle entraîné,
Votre père surtout en héros se comporte;
Sur la cuisse il s'est acharné,
Et Margean lui prête main forte.
Le chevalier de Retz, valeureux champion,
Fait brèche à l'estomac; moi, dans le croupion
J'enfonce une dent meurtrière.
Le comte n'est pas en arrière;
Et Jorna, non moins courageux,
Insultant sa victime au moment qu'il l'immole,
S'écrie : « Il faut, amis, il faut, sur ma parole,
» Que cet oiseau soit un de ceux
» Qui sauvèrent le Capitole. »
Il succomba pourtant, et fit place au pudding,

Sans lequel, en Angleterre,
Sur mer ainsi que sur terre,
Il n'est jamais de festin.
Le fromage, après lui, paraît et fait la ronde,
Et la fête de *Mass Christi*
Est enfin terminée, au gré de tout le monde,
Par un coup de *cherry brandi.*

Je vous laisse à juger, Monsieur, de la chère ordinaire par celle que nous faisons les jours de gala; quant au déjeuner et au souper, c'est aujourd'hui du thé et du beurre : demain du beurre et du thé; faute de mieux, j'avale tous les soirs deux tasses de cette boisson insipide, ce qui fera, au bout de la traversée, deux cent cinquante tasses, c'est-à-dire, plus que je n'en aurais pris en cent ans, si j'avais passé ma vie à Châtillones, et que j'y eusse poussé ma carrière jusqu'à un âge aussi avancé.

LETTRE XVI.

A bord de *l'Active*, ce 28 décembre 1800.

MONSIEUR,

Quoique nous soyons dans des mers naturellement orageuses, nous n'avons cependant qu'à nous féliciter du tems qu'il fait depuis plusieurs jours ; si nous n'allons pas très-vite, nous ne fatiguons pas non plus beaucoup. La tranquillité dont nous jouissons diffère peu de celle que nous avions à terre, et à peine nous apercevrions-nous que nous sommes à bord, sans la vie uniforme et monotone qu'on y mène. Tous ces petits jeux auxquels nous nous livrions avec tant de plaisir dans les commencemens de notre voyage, sont tombés en discrédit. Le loto, qui a voulu profiter de quelques momens d'ennui pour reparaître de nouveau, a été proscrit comme un remède pire que le mal. La lecture est venue nous fournir un passe-tems plus utile et plus agréable. Notre salon ressemble depuis plusieurs jours à un cabinet littéraire ; madame votre mère aime à entendre les tragédies de Racine : c'est moi qui ai le plaisir d'être son lecteur ; ainsi je répare le tems que j'emploie à faire de mauvais vers par celui que je consacre à en lire de très-bons. Pendant cette lecture, votre maman s'occupe à de très-petits ouvrages ; elle fait, entre autres, une paire de bas qui vous est destinée, et que vous recevrez sans doute avec ce journal. Je suis bien aise que ces deux cadeaux aillent ensemble, l'un fera passer l'autre. Mademoiselle Lambois, qui aime aussi la tragédie, travaille auprès de madame votre mère, qu'elle ne quitte jamais, et qui, de son côté, prend à cette jeune personne le plus tendre intérêt. Il serait, il est vrai, bien difficile de la connaître, et de ne pas s'attacher à elle.

Sa grâce, sa taille charmante,
Ne sont que ses moindres attraits ;
Pour la rendre plus séduisante,
La nature a mis dans ses traits
Je ne sais quel mélange aimable
Et de douceur et de gaîté,
Dont le charme est inexprimable,
Et qui vaut mieux que la beauté.

La pudeur, qui toujours préside
A ses discours, à son maintien,
La rend peut-être un peu timide;
Mais cet air-là lui sied si bien!
Ah! lorsque son cœur, jeune encore,
Connaîtra le dieu des amours,
Qui possédera cette Aurore,
Peut se promettre de beaux jours!

Je vous prie, Monsieur, de faire grâce au jeu de mots, en faveur de la justesse de la pensée.

LETTRE XVII.

A bord, le 1er janvier 1801.

Aujourd'hui, premier jour de l'an,
Je devrais bien, pour vos étrennes,
Vous envoyer quelques douzaines
De vœux arrangés joliment
En vers ou prose bien tournée;
Mais je borne mon compliment:
Très-bonne et très-heureuse année.

Que pourrai-je, Monsieur, vous souhaiter de plus? Vous avez jeunesse et santé. La fortune vous a traité assez libéralement pour que vous n'ayez pas à vous en plaindre; la nature vous a donné le meilleur des pères, et la mère la plus tendre.

Quand on a tous les biens qui sont votre partage,
Le secret d'être heureux est l'art d'en faire usage.

La matinée s'est aujourd'hui passée en complimens; on s'est souhaité réciproquement santé, bonheur et longue vie. Chacun a fait, tout haut, des vœux pour autrui, et tout bas, pour soi-même. Ceux-ci ne sont, comme vous pensez, ni les moins étendus, ni les moins sincères. D'après le caractère connu des personnes, et les discours qui leur échappent quelquefois, on pourrait, j'en suis sûr, deviner de quelle nature sont les vœux qu'elles adressent au ciel pour leur propre compte. Je pense au moins que, parmi nous, je ne me tromperai guère. *M. de Jorna*, par exemple, qui se fait l'idée la plus séduisante de l'état conjugal, désire se voir bientôt enlacé dans les doux nœuds de l'hymen, et demande aux dieux une épouse telle que son cœur aime à l'imaginer; mais où les dieux pourraient-ils lui en trouver une semblable?

Il la veut jeune et fraîche : passe;
Il en est assez comme ça.

Il veut de l'esprit, de la grâce ;
On trouve encor ces deux points-là.
Il la veut et modeste et belle ;
C'est déjà demander beaucoup :
Mais enfin il la veut p...... ;
Oh! c'est un peu trop pour le coup !

Le chevalier *de Retz* soupire aussi pour les plaisirs matrimoniaux ; mais plus humble dans ses prétentions,

Il se borne à trouver un jour
Quelque veuve honnête et bien née,
Qui veuille encore faire un tour
Dans le pays de l'hyménée ;
Et pourvu qu'elle ait du comptant,
D'ailleurs fût-elle un peu fanée,
Le chevalier sera content,
Et bénira sa destinée.

Mais tout le monde n'aspire pas à la béatitude maritale, et ne couche pas en joue des filles et des veuves ; il y en a qui font des vœux d'une autre nature.

Un certain docteur de la bande,
Que je ne vous nommerai pas,
Avec ferveur au ciel demande
De trouver, arrivant là-bas,
Bras cassés, jambes disloquées,
Rhumes, catarrhes, fluxions,

Fièvres simples ou compliquées,
Maux de nerfs et convulsions,
Afin, si le ciel le seconde,
De rendre à chacun la santé,
Et de prouver à tout le monde
Son amour pour l'humanité.

Vous seriez, je pense, bien aise de savoir aussi de quelle sorte sont les souhaits de nos aimables voyageuses. Je suis fâché de ne pouvoir, là-dessus, contenter votre curiosité. Les femmes à qui le secret d'autrui n'échappe jamais, ne laissent guère pénétrer le leur ; et ce qu'elles souhaitent le plus vivement, est souvent ce qu'elles semblent désirer le moins. Pour M. votre père, il n'est pas difficile de lire dans son cœur et de voir ce qu'il demande.

Au sein d'une aimable famille,
Trouvant les plaisirs les plus doux,
Ses vœux sont pour Margean, pour vous,
Pour son épouse, pour sa fille :
Il en fait quelques-uns aussi,
Afin que, de dessus nos têtes,
Le ciel écarte les tempêtes,
Et nous tire bientôt d'ici.

Car il n'aime pas les tempêtes, M. votre

père, et aucun de nous ne les aime plus que lui. Aussi,

Nos vœux, d'ailleurs très-différens,
S'accordent sur ce point unique
De découvrir dans peu de tems
Les côtes de la Martinique.

LETTRE XVIII.

A bord, ce 8 janvier 1801.

MONSIEUR,

Le 2 janvier au matin, nous avons découvert Madère. Cette île, du côté que nous l'avons d'abord aperçue, ne semblait être qu'un gros rocher qui s'élance du sein de la mer. Nous en avons ensuite approché le lendemain, à la distance de quelques milles, mais ayant trop serré la côte, le vent nous a manqué, et nous n'avons jamais pu entrer dans le port, malgré l'envie que nous avions de connaître le pays, et d'y prendre des rafraîchissemens. Nous sommes restés là pendant quatre jours, comme enchaînés sur les flots ; et ce qu'il y avait de plus désolant, c'est que nous apercevions tous les jours des bâtimens de la flotte qui, ayant pris une meilleure direction que la nôtre, entraient sans difficulté dans le port.

Pendant les quatre jours que nous sommes restés en station devant ce malheureux rocher, l'humeur et le dépit nous dominaient tous à tel point, que nous ne desserrions presque pas les dents, si ce n'est pour nous plaindre et pour maudire le commodore, que nous accusions de nous avoir fait détourner de notre route sans motif suffisant : car il faut vous dire qu'en venant reconnaître Madère, nous n'allongeons que de trois cents lieues seulement; circonstance qui ne s'accorde pas avec l'impatience où nous sommes d'arriver. Aussi nous formions quelquefois contre le commodore un concert d'invectives, dans lequel Mlle Lambois, quoique la douceur même, faisait cependant sa partie comme un autre. Pour moi, je cherchais à faire diversion à l'ennui par le commerce des muses, et je me suis amusé à écrire l'histoire intéressante de la découverte de Madère que je vais vous lire.

Sous le règne d'Edouard III, un jeune Anglais, nommé Louis Marcham, devint amoureux de Laure d'Arfel, personne extrêmement belle, qui appartenait à une des premières maisons du royaume. Le jeune homme, au contraire, était d'une fortune obscure ;

Mais, pour plaire, qu'importe à qui l'on doit le jour?
Beauté, grâce, fraîcheur, jeunesse,
Et tout ce qu'exige l'amour,
Voilà les titres de noblesse
Dont on a besoin à sa cour.
La fortune ni la naissance
N'y décident jamais du rang,
Et dans tout son empire immense,
Le plus aimable est le plus grand.

C'est ainsi que pensait Laure d'Arfel, dont le cœur était tendre et sensible, et qui avait lu les romans de ce tems-là ; aussi fut-elle touchée de l'amour et des qualités charmantes de Louis; mais ses parens, qui étaient indignés qu'un homme qui n'était point noble osât s'élever jusqu'à leur fille, obtinrent un ordre du roi pour le faire enfermer. La loi *Habeas corpus*, le prétendu palladium des Anglais, n'existait pas encore.

Pendant que Louis gémissait en prison plus affligé de la perte de sa maîtresse que de celle de sa liberté, on se dépêcha de donner un époux à la belle et trop sensible Laure, et on eut la cruauté de lui choisir

Un seigneur campagnard, riche et vieux rocantin,
D'un caractère impérieux et ferme,
Brusque par goût et jaloux par instinct;
Enfin, un vrai mari, dans la force du terme.

Qui pourrait peindre la douleur et le désespoir de la belle, lorsqu'elle se vit ainsi sacrifiée par d'avides et orgueilleux parens ? Elle arracha ses longs cheveux ; elle meurtrit son beau sein en plus d'un endroit; mais elle eut beau gémir et se plaindre, elle fut traînée à l'autel, et immolée, comme victime, à la fortune et à l'ambition. A peine son mari fut-il possesseur d'un si précieux trésor, qu'il courut l'enfermer dans un antique château, où il la cacha à tous les yeux. Mais semblable à ces avares qui enfouissent l'or et n'en jouissent pas,

Le vieil et cacochyme époux,
Pendant le jour mari d'après nature,
C'est-à-dire fâcheux, querelleur et jaloux,
N'était la nuit qu'un époux en peinture.

Cependant Louis, qui ignorait cette circonstance, se désolait en songeant que sa maîtresse était au pouvoir de son rival ; et ce rival était un mari,

Qui sans doute usant de ses droits,
Avait d'une main barbare
Cueilli cette fleur si rare
Qui ne se cueille qu'une fois.

Quand les parens de Laure eurent marié leur fille, ils ouvrirent les portes de la prison. Il en sortit irrité, mais plus amoureux que jamais, et résolu de tout tenter pour enlever sa bien-aimée. Malgré les précautions odieuses que prend son rival, il ne doute pas de lui ravir sa proie.

Je partage avec lui son heureuse espérance :
Gardes, portes, remparts, il surmontera tout.
Animé par l'amour, guidé par la vengeance,
De quoi ne vient-on pas à bout?

En effet, l'ardent jeune homme emploie, avec tant de succès, le courage et l'adresse, qu'après s'être introduit dans le château du vieux gentilhomme, favorisé par la nuit et secondé par sa maîtresse, il réussit à l'arracher de l'étroite prison où son indigne époux la tenait enfermée. Est-il besoin de dire à quoi furent consacrés les premiers momens d'une liberté si heureusement conquise? Ils étaient seuls; ils étaient libres; il était nuit.

Après tant de périls, d'amour et de constance,
Etait-ce le moment de s'armer de rigueur?
Ah! non; Laure avait un bon cœur,
Et savait ce qu'on doit à la reconnaissance.
Aussi l'heureux amant, sûr de tout obtenir,
Osa tout entreprendre,
Et parvint à ravir
Ce que l'hymen n'avait pu prendre.

Lorsque l'aimable captive eut payé à son libérateur le prix de son courage et de sa tendresse, ils songèrent à se dérober à la poursuite et au ressentiment de deux familles irritées. Ils ne virent de sûreté pour eux qu'en fuyant, et résolurent de quitter l'Angleterre. La fortune, qui leur avait été si long-tems cruelle sur terre, leur fut encore plus funeste sur mer.

Pour les soustraire à la furie
D'un puissant et barbare époux,
Un vaisseau, loin de leur patrie,
Les porte sous un ciel plus doux.
Soudain une horrible tempête
Eclate à leurs yeux effrayés;
Les éclairs brillent sur leur tête,
Les flots s'entr'ouvrent sous leurs pieds.

Au sein de ce péril extrême,
D'un tendre intérêt animé,
Chacun d'eux s'oubliant lui-même,
Ne songe qu'à l'objet aimé.
C'est pour Laure que Louis tremble,
Laure ne craint que pour Louis ;
Plus heureux de mourir ensemble,
Que de vivre sans être unis.
Vain jouet du vent et de l'onde,
Leur vaisseau, long-tems agité,
Suspend sa course vagabonde
Près d'un rivage inhabité.
Ils vont, épuisés de fatigue,
Sur ces bords chercher du repos ;
Bientôt le sommeil leur prodigue
Ses doux, mais perfides pavots.
Cependant, plus terrible encore,
L'orage gronde de nouveau ;
Louis et la tremblante Laure
Veulent regagner leur vaisseau.
Vain espoir ! projet inutile !
Les vagues, redoublant d'effort,
Emportent leur vaisseau fragile,
Et les repoussent sur le bord.
Dans une île inculte et déserte,
Seuls, sans secours, sans alimens,
Hélas ! rien ne peut à leur perte
Dérober ces tendres amans.
Laure, la première, succombe
De faim, de soif et de langueur ;
Auprès d'elle son amant tombe

De désespoir et de douleur.
Déjà, sur leurs têtes penchées,
Se peint l'image de la mort;
En vain leurs lèvres desséchées
Pour dire adieu s'ouvrent encor :
Leurs yeux seuls parlent, se répondent;
Leurs bras cherchent à s'enlacer;
Leurs soupirs enfin se confondeut
Dans un tendre et dernier baiser.

Telle fut la fin tragique de ce couple infortuné. Leurs compagnons de voyage, qui n'avaient pas eu l'imprudence d'abandonner leur vaisseau, furent jetés sur les côtes d'Afrique, et réduits en esclavage par les Maures. Ils racontèrent leur malheureuse aventure à un Portugais, qui forma le projet d'aller à la recherche de cette île inconnue : il la découvrit sans peine, et s'y établit avec quelques-uns de ses compatriotes.

Quoique cette histoire ait quelque chose de merveilleux, qui approche beaucoup du romanesque, elle est rapportée par plusieurs historiens, et on l'a même consacrée par un tableau qui se voit encore à Madère, dans une des salles du gouvernement. Je ne me suis permis de changer que les prénoms des deux amans. Cette petite fraude, qui m'a fourni deux rimes dont j'avais besoin, est une licence poétique fort pardonnable.

Voilà, Monsieur, tout ce que je peux vous dire sur Madère, que je n'ai vu que de loin. Vous savez d'ailleurs qu'elle produit d'excellent vin, et en quantité, et qu'elle jouit de la température la plus douce et la plus agréable.

Pendant que nous étions dans ces parages, il s'est fait une espèce de révolution sur le bâtiment. M. de Bouillé, me voyant sans cesse occupé à versifier, s'est imaginé que je devais trouver du plaisir dans un travail auquel je paraissais me livrer avec autant d'assiduité, et il a voulu se donner le même passe-tems. En conséquence, le voilà qui s'est mis à cadencer des mots et à rassembler des rimes. Il me demande quelquefois des conseils, dont bientôt il n'aura plus besoin ; l'élève ne tardera pas à faire mieux que le maître. La contagion a gagné le capitaine, qui s'enferme des heures entières dans sa cabane, où il s'occupe aussi à faire un journal poétique dans sa langue. M. de Bouillé, à qui il en a communiqué le commencement, l'a trouvé si sublime, qu'il juge cet ouvrage au dessus de la portée ordinaire de l'entendement humain. C'est, assure-t-il, dans le genre de l'Apocalypse. Tout ceci a sans doute son côté plaisant, mais rien n'est peut-être plus sérieux, pour nous, que les suites de ce transport pindarique, dont notre capitaine vient d'être subitement saisi.

Car à polir ce beau chef-d'œuvre
Depuis qu'il applique ses soins,
Son bâtiment et sa manœuvre
Sont ce qui l'occupent le moins;
Et, sur les ailes du génie,
Pendant qu'il plane dans les airs,
Il pourrait bien, au fond des mers,
Aller avec la compagnie.

Dieu nous garde de cet esprit poétique, qui ne serait rien moins que divertissant.

LETTRE XIX.

A bord, ce 13 janvier 1801.

MONSIEUR,

Nous avons quitté Madère depuis cinq jours, c'est-à-dire que nous l'avons perdu de vue, car, comme je vous l'ai déjà dit dans ma dernière lettre, nous avons fait de vains efforts pour y entrer. Le tems a été assez beau ces jours passés. Nous avons eu un peu de calme avant hier; on nous a donné une alarme qui n'a pas été longue Le matin, on aperçut à l'horizon plusieurs bâtimens qui se dirigeaient sur nous. Un matelot envoyé au haut du mât pour les reconnaître rapporta que c'était de gros vaisseaux de guerre; mais qu'il n'avait pas pu juger s'ils étaient amis ou ennemis. Cette incertitude était inquiétante. Ils avançaient toujours. Le capitaine ayant pris sa lunette, pensa également que c'était des vaisseaux de guerre, mais sans pouvoir distinguer leur pavillon. Les inquiétudes vagues se changèrent en craintes réelles. Cependant l'erreur ne tarda pas à se dissiper. On s'aperçut bientôt que c'était quelques navires de la flotte qui, s'étant égarés, venaient nous rejoindre. Il y avait même, dans le nombre, un bâtiment ponté, que nous avions pris pour un soixante-quatorze. Quand on a peur, on n'y voit pas si bien.

Cette méprise et la frayeur qui en avait été la suite, fournit matière à plus d'une plaisanterie, et nous nous amusâmes toute la journée des terreurs paniques du matin.

Le lendemain, le 12, nous découvrîmes Palma, l'une des Canaries. Ces îles étaient connues des anciens sous le nom d'îles fortunées. Les mœurs des habitans, ainsi que la douceur et la beauté de leur climat, leur avaient fait donner ce nom, que les Espagnols, qui les possèdent aujourd'hui, leur ont fait perdre depuis long-tems. Ce peuple, ici, comme partout, indolent et sans industrie, ne sait pas mettre à profit les avantages d'un sol fertile, et il y végète dans la misère, lorsqu'il pourrait y vivre dans l'abondance.

Féro, l'une de ces îles, n'a d'autre produit que le lait et les peaux de quelques misérables chèvres, éparses çà et là, sur des collines incultes; quelques autres où la main de l'homme ne dédaigne pas de solliciter les bienfaits de la terre, fournissent un vin assez estimé.

C'est des Canaries que tire son origine ce joli petit musicien de nos appartemens, qui flatte et réjouit l'oreille par la flexibilité de son gosier, autant qu'il plaît à l'œil par sa grâce, l'élégance de sa forme et la beauté de son plumage.

De toutes ces îles, la plus remarquable est Ténériffe, si fameuse par son pic, qui est, selon quelques voyageurs, le point le plus élevé du globe. D'autres prétendent que les Cordilières, montagnes qui traversent le continent de l'Amérique septentrionale, sont encore plus hautes. Quoi qu'il en soit, nous avons aperçu le pic de Ténériffe à une distance de plus de cent milles. Nous avons parfaitement distingué ses pitons couverts de neige, quoique la montagne soit située vers le trentième degré de latitude, et que même elle renferme un volcan dans son sein.

Aujourd'hui, 15, *la Justine* s'étant avancée près de nous, ses passagers nous ont appris qu'ils étaient entrés à Funchal, port et ville principale de Madère, où nous avions inutilement essayé de pénétrer; ils s'y étaient pourvus de rafraîchissemens, et nous en ont offert une partie, en nous engageant à envoyer notre canot à leur bord. Je suis allé moi-même chercher les petits présens qu'ils nous destinaient.

Vous vous rappelez, Monsieur, que Mlle Zirphile Carderousse est embarquée sur ce bâtiment. Lorsque parmi plusieurs hommes il n'y a qu'une femme, c'est sur elle d'abord que tombent nos regards. Les miens se sont arrêtés d'autant plus volontiers sur Mlle Zirphile, qu'outre le plaisir qu'on éprouve naturellement à la voir, j'étais particulièrement chargé par nos dames de m'informer de sa santé et de lui faire leurs complimens.

Jeunesse, agréable maintien,
Doux regard, aimable sourire,
Voilà ce que j'ai vu très-bien;
Mais pour l'esprit et l'entretien,
Je ne saurais que vous en dire :
Pour juger ce point important,
Un moment ne pourrait suffire,
Et je n'ai resté qu'un instant.

Encore, pendant cet instant, m'a-t-il fallu rendre les complimens de *l'Active* à *la Justine*, et recevoir ceux de *la Justine* pour *l'Active*, répondre à beaucoup de questions qu'on m'adressait par intérêt ou par curiosité. Tout cela fait, et quelques douzaines d'oranges, et une petite provision de figues sèches, mises dans mon canot, j'ai regagné notre bord, où l'on m'attendait avec assez d'impatience, moins pour les fruits que j'apportais que pour les nouvelles que j'avais pu recueillir. La première question que m'ont faite nos dames, et je m'y attendais, a été celle-ci : « Eh bien ! comment trouvez-vous Mlle Zirphile ? » Rien de plus simple, ce me semble, que de répondre à cela, et cependant, rien n'est peut-être plus embarrassant et plus délicat. Vous savez, Monsieur, ou vous saurez un jour, que les femmes aiment, à la vérité, beaucoup les louanges, mais pour elles seulement, et que c'est mal leur faire sa cour que d'entreprendre, en leur présence, l'éloge d'une personne de leur sexe. Si, d'un autre côté, on se permet la critique ou la plaisanterie, et que celle dont on parle en soit par hasard instruite, c'est un crime à ses yeux qu'elle ne vous pardonne jamais, et dont il est rare qu'elle ne vous fasse repentir. Que faire donc lorsqu'on est pressé de dire son avis, et qu'on ne peut s'y refuser? Quand vous vous trouverez en pareil cas, votre espritvous suggèrera mieux que moi quel parti vous devez prendre. Je me borne à vous avertir de vous tenir alors sur vos gardes, et de ne parler qu'avec une sage circonspection.

LETTRE XX.

A bord, le 24 janvier 1801.

Les jours se succèdent, Monsieur, avec la même monotonie, et ne m'ont rien fourni de particulier à vous raconter depuis ma dernière lettre. Les occupations d'aujourd'hui furent celles d'hier, et seront celles de demain. Nous avons eu cependant un moment de distraction; M. Barry, embarqué sur *l'Andromède* (1), est venu nous rendre visite un soir, avec le lieutenant de la frégate. Il nous a apporté des figues, des noix, des oranges, etc., etc.

LETTRE XXI.

A bord, ce 30 janvier 1801.

MONSIEUR,

Nous allons toujours à pleines voiles, et nous faisons jusqu'à cinquante lieues par jour; mais plus rapide encore que le vent qui nous pousse, notre pensée vole bien loin devant nous, et touche déjà la terre que nos yeux ne voient point encore : déjà nous parcourons le

(1) Frégate de trente-deux canons, commandée par le capitaine James Bradby.

rivage ; nous foulons sous nos pieds l'herbe tendre et fleurie ; nous respirons un air frais, à l'ombre des arbustes, dont nous savourons les fruits délicieux, et nous nous désaltérons, en idée, dans l'eau pure et limpide des fontaines, dont il nous semble entendre le doux murmure. Ainsi séduits par les prestiges d'une douce illusion, nous goûtons d'avance les plaisirs que nous attendons, et le présent s'embellit par l'avenir.

A la Barbade, première terre où nous devons descendre, nos dames se promettent encore des plaisirs d'une autre nature, et Mlle Point-de-Sable espère qu'en arrivant, et pour nous rafraîchir, nous aurons un bal brillant. Dans cette attente, elle s'occupe déjà du costume dans lequel elle doit y paraître. Se mettra-t-elle en blanc, ou en robe de couleur ? fera-t-elle une toilette complète ? ou ne convient-il pas mieux de paraître en négligé, ou en demi-parure ? Elle n'en sait rien encore ; elle consulte tous les goûts, et prend conseil de tout le monde ; mais cela ne fait qu'augmenter son embarras, parce que les opinions sont partagées. Heureusement nous avons encore quatre jours pour rêver à cette importante affaire. Peut-être d'ici là parviendra-t-on à concilier les différens avis, et à fixer son esprit indécis. J'aurai soin de vous en instruire.

J'avais oublié de vous dire que quand nous passâmes le tropique, il y a déjà quelques jours, je formai quelques strophes à la gloire des fameux navigateurs qui avaient osé, les premiers, franchir les vastes plaines de l'océan Atlantique. Mais je compris bientôt qu'il était plus facile d'admirer les grands hommes que de les chanter; et que ma muse, laissant à d'autres l'héroïque trompette, devait s'en tenir à l'humble flageolet. Ma muse! effronté que je suis; ne dirait-on pas, à m'entendre, que l'une des savantes immortelles préside en effet à ce vain assemblage de rimes, que dans ma folie je prends quelquefois pour des vers! Cependant il faut bien donner un nom à ce démon de poésie, dont je suis lutiné de tems en tems. Mais, me dira-t-on, il serait possible d'en trouver un plus modeste, et qui annonçât moins de prétentions. A cela je réponds :

Certain Gascon gentilhomme,
Ou du moins soi-disant tel,
Voulant en petit castel
Eriger son toit de chaume,
Ajusta, je ne sais comme,

Une vieille pelle à feu,
Pour y tenir place et lieu
D'une antique girouette
Qui, disait-il, de tout tems
En avait orné le faîte ;
Mais dont la pluie et les ans
N'avaient laissé nul vestige.
Après ce petit prodige
D'adresse et d'invention,
Mon gentilhomme gascon,
En parlant de sa chaumière,
De son jardin, de son pré,
Disait d'un ton assuré :
« Mon château, mon parc, et ma terre. »
Moi je dis à ma muse : Eh bien!
Suis-je donc du pays pour rien?

LETTRE XXII.

A bord, ce 3 février 1803

Vieille fille qui voit finir
Un célibat involontaire,
Neveu qui fait ensevelir
L'oncle dont il est légataire,
Jeune abbé qui s'en va franchir

Le seuil d'un triste séminaire,
Esclave qu'on vient d'affranchir,
Forçat qui sort de sa galère,
Eprouvent des transports moins doux,
Goûtent un plaisir moins sincère
Que celui que nous eûmes tous
Quand on cria : « Terre! terre! »

Enfin, Monsieur, nous l'avons vue; nous allons la toucher cette terre si désirée. Ce n'est pas la Martinique, mais c'est la Barbade, île très-voisine. Il s'agit de faire sa toilette pour y descendre. Déjà ces dames et ces messieurs se livrent avec empressement à cette importante occupation. Je m'amuse à vous écrire en attendant que j'aille moi-même, à mon tour, me donner un coup de peigne, et passer une chemise blanche. Il faut, Monsieur, que j'interrompe ma lettre; tout le monde est prêt, et les canots sont à la mer pour nous conduire à terre. Ce soir je vous rendrai compte de notre journée.

LETTRE XXIII.

A bord, ce 3 février 1801, au soir.

A onze heures du matin, Monsieur, nous étions à terre dans une auberge d'assez belle apparence. En mettant le pied sur le rivage, et surtout quand nous sommes entrés dans une salle spacieuse et proprement meublée, nous avons tous éprouvé je ne sais quel sentiment vif et gai qui ne peut se rendre par l'expression, mais qui se peignait non-seulement dans nos regards et sur nos visages, mais dans le geste et dans la démarche. Nous passions et repassions devant les glaces; les uns, pour voir si les fatigues de la navigation ne les avaient pas changés; les autres, pour s'assurer s'il ne manquait rien à leur parure. Chacun avait choisi son costume. Mademoiselle Point-de-Sable s'était décidée pour celui d'amazone. Notre brillante gaieté, l'élégance des toilettes, cette agitation comique qui ne nous permet pas de rester un moment en place, formaient un tableau aussi plaisant qu'agréable. Mais la scène va changer, et vous allez voir, Monsieur, combien sont courts les momens de plaisir. Il y avait à peine une heure que nous foulions sous nos pieds cette terre, l'objet de tous nos vœux, et déjà ce bonheur qui nous avait si vivement émus ne nous touchait plus. D'où vient donc un changement aussi étrange que subit ? Ceux qui riaient à onze heures avaient peine à s'empêcher de bâiller à midi. Pour ne pas être taxé de trop d'inconséquence et de légèreté, je vais vous donner la clé de cette énigme. Une heure après notre arrivée, nous nous sommes trouvés au milieu d'une nombreuse société. Il y a dans le convoi beaucoup de personnes de la connaissance de votre famille, qui sont toutes venues nous voir. Ces personnes en présentaient d'autres qui nous étaient absolument inconnues. Les étrangers même, voyant entrer tant de monde dans notre salon, y entraient aussi, croyant que c'était un endroit public. Il semblait être en effet une salle d'audience, et on eût dit que madame votre mère était chargée d'en faire les honneurs à toute la flotte. La gêne qu'impose une assemblée nombreuse, tous ces petits devoirs que prescrivaient la bienséance et la politesse, nous paraissaient d'autant plus ennuyeux, que, depuis plus de deux mois, nous étions habitués à vivre srns façon et, pour ainsi dire, comme en famille. Dans le cours de cette longue journée, nous avons plus d'une fois regretté la vie tranquille du bord et l'aimable liberté dont on y jouit. Ce n'est pas que dans le nombre de ceux qni se sont présentés chez madame votre mère, nous n'en ayons vu avec plaisir. Madame Armand et mademoiselle Caderousse ont été invitées à dîner avec nous. Après le repas, M. votre père ayant engagé une conversation particulière avec cette jeune demoiselle, j'ai entendu qu'il lui parlait d'un ancien projet, formé entre lui et son grand-père, de vous unir ensemble, et lui témoignait combien il était affligé que votre trop grande jeunesse s'opposât à un mariage qui eût comblé tous ses vœux. Vous auriez, disait-il, trouvé en moi le père le plus tendre, et je ne doute pas que mon fils eût fait votre bonheur. « D'ailleurs, ajouta-t-il d'un ton plaisamment sérieux, si mon fils n'avait pas senti tout le prix de posséder une compagne aussi aimable, et qu'il se fût écarté un moment de son devoir, je lui aurais moi-même tordu le cou. » Ainsi, Monsieur, avis au lecteur. Quand vous aurez pris femme, songez à vous conduire comme il faut; ne vous avisez pas surtout de faire la moindre infraction aux lois sacrées de la fidélité conjugale, si vous ne voulez encourir l'indignation paternelle, et, par dessus le marché, avoir le cou tordu.

Ah! s'il fallait d'un tel supplice
Punir tout infidèle époux,
Dans ce monde, en bonne justice,
Il faudrait tordre bien des cous.
Mais, plus indulgente et plus sage,
Femme, en pareille occasion,
N'inflige à son mari volage
Que la peine du talion.

Au moment de quitter l'auberge et la ville, quelqu'un ayant demandé à madame votre mère si elle n'y laissait rien: « Pas même un regret, » a-t-elle répondu.

Il n'a pas été plus question de bal que de ce qui s'est passé avant le déluge; et tous les frais de la toilette, faits dans cette occasion, ont été perdus. Quel dommage!

LETTRE XXIV.

A bord, ce 4 février 1801.

Nous devions, Monsieur, partir aujourd'hui; mais le commodore, qui semble prendre à tâche d'exercer notre patience, en a ordonné autrement. Il a donné à dîner, à son bord, au gouverneur de la Barbade. C'est un homme singulier que ce commodore. Il nous fait faire trois cents lieues de plus pour aller boire du vin de Madère, et il nous tient dans une rade pour régaler ses amis. Nous n'avons pas jugé à propos d'aller dîner à terre. Cette Barbade n'est pas aussi aimable, et c'est déjà trop de la voir devant nous. Je crois pourtant que ces dames iront ce soir faire un tour de promenade. Je leur souhaite plus de plaisir qu'hier.

LETTRE XXV.

A bord, ce 6 février 1801.

ENFIN, Monsieur, sur les huit heures du matin, hier, nous avons entendu avec bien du plaisir le signal de remettre en route, et de faire voile pour la Martinique. Toute la nuit nous avons eu un vent *carabiné* qui nous a fait parcourir, en très-peu de tems, l'espace qui sépare la Barbade de la Martinique. Dès que le soir a paru, tout le monde était sur le pont, et nous avons enfin aperçu les monts élevés de la Martinique, dont l'ensemble serait assez bien rendu par les inégalités d'une feuille de musique. Nous descendrons demain à Saint-Pierre, d'où je ne vous écrirai qu'après avoir un peu observé cette nature toute nouvelle pour moi, et avoir pris des renseignemens exacts sur l'état des choses, sur lequel repose votre avenir.

LETTRE XXVI

ET DERNIÈRE.

Saint-Pierre, 1er mars 1801.

J'AVAIS beaucoup entendu parler, Monsieur, de ce qui s'était passé à la Martinique depuis la fatale époque où la tempête révolutionnaire y vint faire oublier les ouragans; tant il est vrai que les *antres* des passions renferment des élémens bien autrement désastreux que ceux qui s'échappent des *outres* d'Eole. J'étais donc plus empressé à recueillir tous les détails des moyens qui avaient été employés pour conjurer cet orage, dont les dévastations étaient déjà répandues sur toute la surface de la France, quand il se montra brusquement sur ce petit point habité par une poignée de Français qui n'avaient pu se précautionner contre sa tourmente par aucun des moyens que fournit la commune prudence;

l'habitude de l'honneur, de la loyauté et d'une fidélité vierge à leur légitime souverain leur servait de guide.

Le dernier gouverneur que leur avait donné Louis XVI (le marquis de Bouillé, de vertueuse et valeureuse mémoire) avait entretenu et élevé ces sentimens au plus haut degré d'exaltation, en donnant une confiance illimitée au courage et au patriotisme des Martiniquais, pour la conservation de cette île importante, quand ses conceptions hardies, et qui furent si glorieusement couronnées, lui firent employer à la conquête de possessions ennemies, les troupes que le roi lui avait confiées pour la sûreté de l'île qu'il gouvernait.

C'est dans ces honorables dispositions que la révolution française vint surprendre les Martiniquais ; aussi n'apprirent-ils qu'avec une sorte d'horreur que cette autorité paternelle qui, depuis deux siècles, assurait leur bonheur, n'avait plus le droit exclusif de les gouverner, et ils résolurent unanimement de s'opposer aux innovations qui les forceraient à y renoncer.

Toutefois les moyens d'opposition à la volonté des gouvernans français étaient si unanimes, que les Martiniquais ne purent concevoir l'espoir du succès que dans l'unanimité de leurs efforts, et dans l'habileté de leur application.

Un homme se trouva parmi eux, qui réunissait, à toutes les vertus morales, l'amour de son roi et de son pays, qui, depuis l'établissement des colonies, avait distingué ses ancêtres ; les circonstances seules lui avaient manqué pour mettre en évidence les talens les plus élevés ; l'époque de leur développement était arrivée. Les Martiniquais mirent unanimement leur confince dans M. le chevalier du Buc, pour les guider dans la lutte honorable et dangereuse à laquelle ils étaient résignés. Il fut nommé président de l'assemblée coloniale.

Alors se trouvait à la Martinique, comme représentant du roi, un homme dont le nom sert de signal aux vertus. Le vicomte de Damas, aidé des conseils du président de l'assemblée, conjura l'orage que l'erreur des habitans des villes, et l'égarement des soldats, avaient formé sur la Martinique.

La colonie avait à peine échappé aux dangers de cette crise intérieure, qu'elle fut menacée de subversion par l'apparition d'une escadre, chargée de troupes destinées à forcer ses habitans à se soumettre au nouvel ordre de choses.

La santé du viconte de Damas l'avait obligé a quitter la colonie. Guidés par le chef qu'ils s'étaient donné, les habitans réussirent à repousser de leurs rivages les moyens de subversion que les meneurs de la France leur destinaient.

Ne pouvant cependant se dissimuler que le terme d'une lutte aussi inégale serait nécessairement celui de leur existence, ils résolurent d'appeler à l'aide de leur impuissante loyauté, une protection dont l'efficacité ne fut pas douteuse. Une puissance maritime pouvait seule remplir leurs vues. Des rivalités de commerce leur semblaient devoir se taire devant l'impérieux besoin de tous les trônes, de maintenir les principes conservateurs de la fidélité des peuples envers leurs souverains légitimes.

Les vœux comme les besoins de la colonie appellèrent M. du Buc à l'importante et difficile mission d'aller négocier, auprès du gouvernement anglais, l'appui dont la colonie pourrait avoir besoin pour éviter sa ruine.

Ce fut un spectacle curieux pour les observateurs que l'arrivée à Londres du délégué d'un point imperceptible du monde, venant offrir l'exemple de la fidélité envers son souverain, quand la plus affreuse démagogie l'ébranlait sur toute la surface du vaste empire dont il dépendait. Ce délégué y arriva à cette époque d'effrayante mémoire où les démagogues venaient de compléter leurs crimes par le plus horrible des forfaits......... Louis XVI n'existait plus. Ce fatal événement créait des difficultés presque insurmontables dans la négociation confiée à M. du Buc. La guerre entre la France et l'Angleterre devenait inévitable, et le négociateur avait l'invariable résolution de se borner à demander protection, et de se refuser à toute cession d'une dépendance du royaume.

M. Dundas fut chargé par le ministère de traiter avec l'envoyé de la Martinique ; et après une négociation dans laquelle M. du Buc fit preuves de grands talens (qui ne triomphèrent cependant des difficultés qu'ils eurent à combattre que par la haute opinion que le ministère anglais avait conçue de la loyauté du négociateur), fut conclu et signé un traité par lequel *S. M. britannique consentait à recevoir sous sa protection l'île de la Martinique et celle de la Guadeloupe pour être par lui remises à leur légitime souverain.*

La Martinique fut ainsi occupée par les troupes anglaises au mois de mars 1794. Elle se trouve, au moment où je vous écris, la plus florissante des petites Antilles.

Si la maison de Bourbon remonte sur le trône de France, cette fidèle colonie, heureuse de se retrouver sous son gouvernement paternel, aura dans de glorieux souvenirs la récompense de son inébranlable fidélité.

Adieu, Monsieur, je quitte Saint-Pierre demain pour me rendre chez M. votre père à Sainte-Marie.

FIN.

www.ingramcontent.com/pod-product-compliance
Ingram Content Group UK Ltd.
Pitfield, Milton Keynes, MK11 3LW, UK
UKHW021112200726
13857UKWH00003B/1210